SPACE STATION ACADEMY

太空学院
天王星遇险

[英] 萨利·斯普林特 著

[英] 马克·罗孚 绘　罗乔音 译

中信出版集团 | 北京

图书在版编目（CIP）数据

天王星遇险／（英）萨利·斯普林特著；罗乔音译；
（英）马克·罗孚绘 . -- 北京：中信出版社，2025.1.
（太空学院）. -- ISBN 978-7-5217-7219-7

Ⅰ．P185.6-49

中国国家版本馆 CIP 数据核字第 2024NG2162 号

天王星遇险
（太空学院）

著　　者：［英］萨利·斯普林特
绘　　者：［英］马克·罗孚
译　　者：罗乔音
出版发行：中信出版集团股份有限公司
　　　　　（北京市朝阳区东三环北路 27 号嘉铭中心　邮编　100020）
承　印　者：北京瑞禾彩色印刷有限公司

开　　本：787mm×1092mm　1/16　　　印　　张：24　　　字　　数：960 千字
版　　次：2025 年 1 月第 1 版　　　　　印　　次：2025 年 1 月第 1 次印刷
京权图字：01-2024-3958
书　　号：ISBN 978-7-5217-7219-7
定　　价：148.00 元（全 12 册）

图书策划　巨眼
策划编辑　陈瑜
责任编辑　王琳
营　　销　中信童书营销中心
装帧设计　李然

版权所有·侵权必究
如有印刷、装订问题，本公司负责调换。
服务热线：400-600-8099
投稿邮箱：author@citicpub.com

目录

本书人物

波特博士

莎拉

麦克

星

莫莫

乐迪

目的地：天王星

欢迎大家来到神奇的星际学校——太空学院！在这里，我们将带大家一起遨游太空。快登上空间站飞船，和我一起学习太阳系的知识吧！

左一步，右一步，前一步，侧一步。伸出左手！向右转！孩子们，尽情舒展身体吧！

我喜欢上体育课！

清晨，太空学院正在接近天王星。与此同时，学生们正在健身房热火朝天地锻炼呢。

不一会儿，同学们和波特博士坐着太空飞机前往天王星了。

给我们讲讲天王星吧，波特博士。

按距太阳由近及远的次序算，天王星是第七颗行星。天王星不是太阳系中离太阳最远的行星，却是最冷的，平均温度为 -195℃。

而且，因为它离太阳非常远，所以绕太阳转一圈也需要很长时间，大约要 84 年。

它真大啊！

天王星的平均直径为 50 724 千米，是外行星，也是两颗冰巨星之一。

天王星的一天约为 17 个小时。

仔细观察天王星，说说看，你们注意到了什么……

它在侧着自转！

没错！天王星的自转轴这么倾斜，可能是因为数百万年前与另一颗行星碰撞导致的。当天王星的自转轴逐渐倾斜，它的卫星也同步移动，仍然绕着天王星的中间转动。我们去参观卫星吧……

科学家已经在天王星周围发现了 27 颗卫星，可能未来还会发现更多。

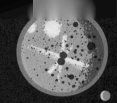

天卫四

这是天卫四。它的表面很暗，到处都是陨石坑，还有一座 6 000 多米高的山。

这里的引力很小。

低引力意味着物体的重量会变轻！

我可以把这块石头举过头顶。

我们可以轻松举起这些石头！我喜欢这个"卫星健身房"！

你想试试吗，波特博士？在太空中，我们应该保持健康。

天卫三　　　　天卫二　　　　天卫一　　　　天卫五

下一站，天王星最大的卫星：天卫三！

天卫三自转一周、绕天王星转一周都需要 8.71 天，所以这里的一天就相当于这里的一年。

如果我们在这里扔出一个小球，会怎样？

这里引力很小，所以小球比在地球上飞得更远！

波特博士，你应该跑过去接这些小球，锻炼锻炼！

天卫四　　　　　　　　天卫三　　　　　　　　天卫二

这是天卫二。它是天王星卫星中最昏暗的，上面有很多陨石坑，这说明它非常古老。天王星的所有卫星引力都很小，适合在上面跳跃，天卫二也不例外。

你要加入吗，波特博士？

我们得让你保持健康！

算了，谢谢你。我待着不动就挺高兴的。

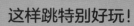
这样跳特别好玩！

看我！

天卫一 　　　天卫五

这是天卫一。它是天王星最亮的一颗卫星，也很可能是最年轻的。

即使距离太阳 28.7 亿千米，光线照在天卫一表面时，它也会变热。天卫一表面有纵横交错的山谷，也和其他卫星一样引力很小。

我们比赛吧，乐迪！

滑着更好玩！

一起来吧，波特博士！

天卫五

倒吸一口凉气！

好了，你们这些健身爱好者，欢迎来到天卫五。

我们在维罗纳断崖结冰的边缘，它深达 20 千米，是太阳系最高的悬崖。

你们可以带着降落伞跳下去，要 10 分钟才能落到地面呢！

哇！

波特博士，你也来试试吧！

我可以自己飘下去！

天卫五的直径只有约 472 千米，让这个巨大的悬崖显得更加壮观、更加引人注目。

操纵降落伞，有利于强身健体，波特博士！

那是天王星！它现在离我们多远？

从这里到天王星差不多有 13 万千米。看到星环了吗？天王星共有 13 个星环，它们的颜色各不相同，灰色、红色、蓝色都有。

我们去近处看看吧。

我不用强身健体！

天卫五绕天王星转一圈只需要 1.4 天左右。它比我们的速度还快！

从这里可以更清楚地看到星环了。天王星环是由极暗的微粒构成的，因为不怎么反光，所以人们很难看到它们。

星环系统还包含 13 颗内卫星，它们的轨道十分复杂，重重叠叠。在遥远的将来，其中一些卫星的轨道可能会相交，卫星会发生碰撞。

我们认为，天王星的外环是由天卫二十六掉落的尘埃和碎片组成的。

天王星最亮的环叫 ε 环。两颗牧羊犬卫星在 ε 环边缘运行，让它保持环状，它们分别是天卫六、天卫七。

我们可以当你的牧羊犬卫星。

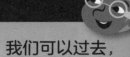

我们可以过去，一起跑步！

在星环上跑步！

让你和我们一样健康强壮！

天卫六

天卫七

天王星

ε 环

天卫二十六

天卫五

现在我们进入了天王星的大气层。这里的风速可达 900 千米 / 时，风向与天王星的自转方向相反。

为什么天王星这么蓝呢?

天王星的大气层由氢、氦和甲烷等不同的气体组成。甲烷组成的云朵使天王星呈蓝色。我可以放一点儿天王星的大气进来，让你们闻闻。

太难闻了！像臭鸡蛋一样！天王星也太臭啦！

那味道就像麦克吃多了豆子后放出来的。

哎哟！真讨厌！

难闻的气味来自硫化氢和氨气。我们不能降落在天王星上，因为它的表面不是固体。不过，我们可以到外面去近距离感受一下。

安全回到太空学院后，同学们立刻就开始想办法。

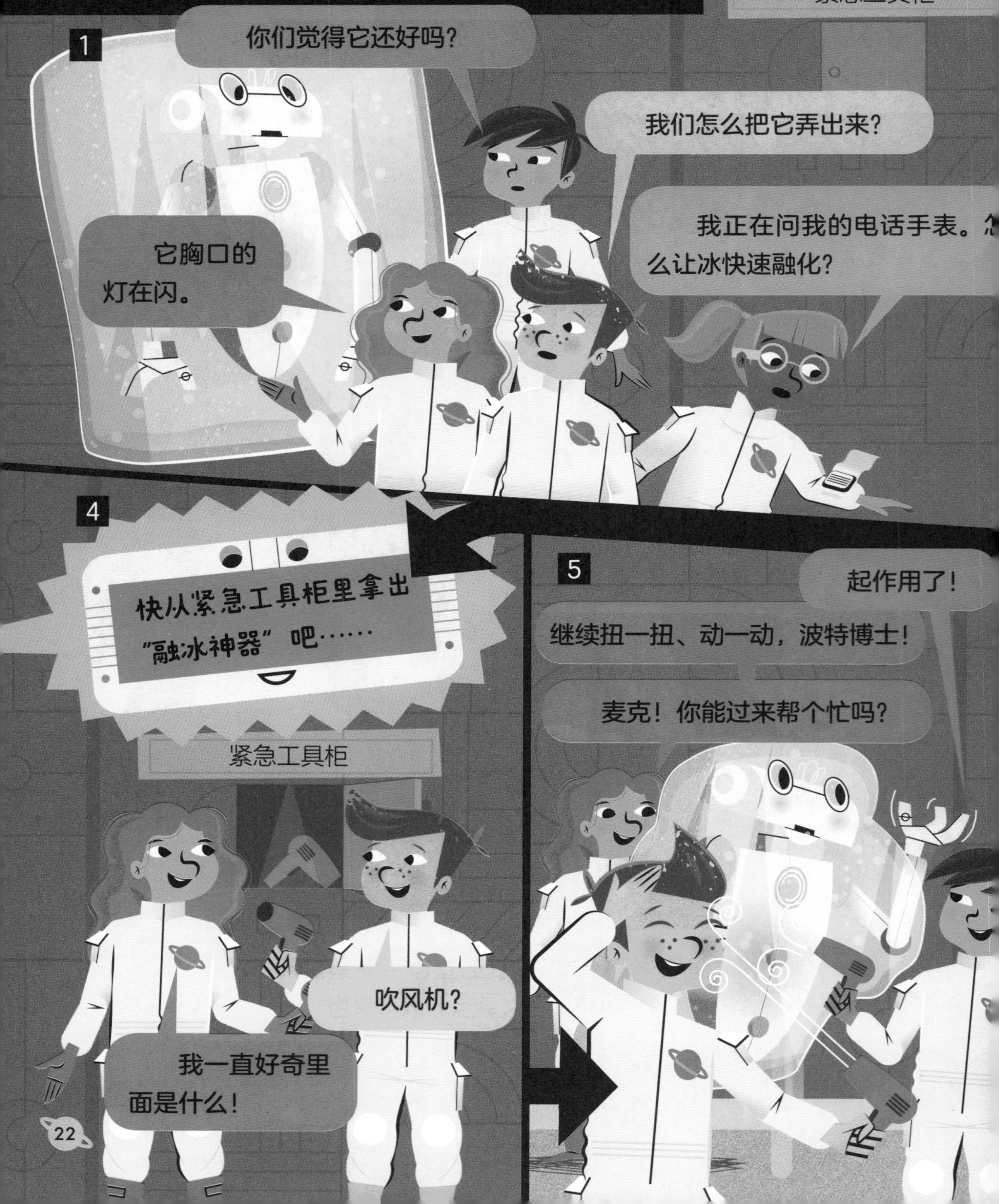

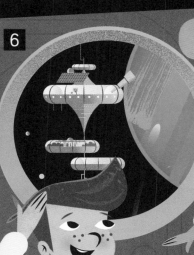

23

太空学院的课外活动

太空学院的同学们参观了天王星之后，产生了很多新奇的想法，想要探索更多事物。你愿意加入他们吗？

波特博士的实验

　　使用下面这些东西来制作自己的史莱姆玩具——就像天王星上的流体层那样。试一试，看哪个效果最好！一定要有大人陪着你哟。

材料

· 100 ml 白乳胶
· 1/2 勺碳酸氢钠（小苏打）
· 食用色素或颜料
· 1 勺盐水
· 小亮片（没有也行）

方法

· 把白乳胶挤进碗里。
· 加入小苏打。
· 添加几滴食用色素或颜料，搅拌均匀。
· 加入盐水，再次搅拌，直到史莱姆成形并从碗两侧流出。
· 加入亮片并用手混合。

· 试着用剃须泡沫喷一下史莱姆，看看会发生什么！尝试用你的颜料制造出大理石般的纹路！

· 把你的史莱姆存在一个密封的容器里，再放在冰箱里。

更多可能

　　如果不把史莱姆放在冰箱里会怎样？放在冰箱里会更好吗？用不同的肥皂或洗液制作史莱姆，会做出同样黏糊糊的质地吗？

乐迪的天王星小知识

天王星卫星的英文名来自威廉·莎士比亚的戏剧中的人物名，只有两颗是例外，即天卫一（Ariel）和天卫二（Umbriel）。它们的英文名来自亚历山大·蒲柏的一首诗（其实，Ariel 也是莎士比亚的戏剧《暴风雨》中的角色名）。

麦克的天王星小知识

天王星是仅有的两颗顺时针自转的行星之一。另一颗是金星。

星的海王星数学题

这是天王星的五颗主要的卫星，它们的直径以千米为单位表示。

哪颗卫星最大？哪颗最小？五颗卫星的直径之和是多少？

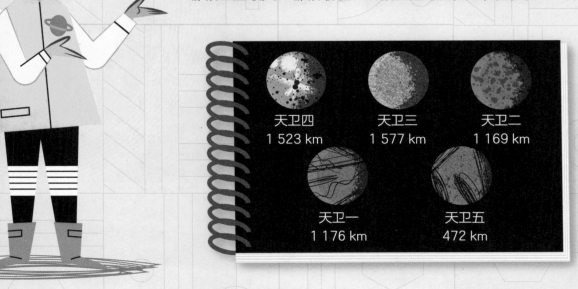

天卫四
1 523 km

天卫三
1 577 km

天卫二
1 169 km

天卫一
1 176 km

天卫五
472 km

莎拉的天王星图片展览

在这张图片中，天王星看起来
是完全静止的，而且颜色很浅。

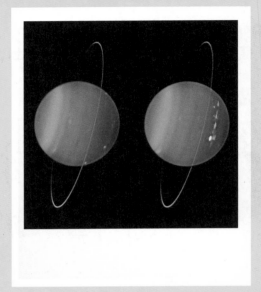

这张图展示了天王星的两面，
还有它的星环。

莫莫的调研项目

你能查到更多关于天王星环的信息吗？它们
形成多久了？有多大？你能画一张图，标出每个
环和环内的卫星吗？

天王星

天卫四

天卫三

天卫二

这是五颗主要的卫星，它们的纹理各不相同。你觉得它们表面的痕迹都是怎么来的？

天卫一

天卫五

数学题答案

天卫三，天卫五，5 917 千米。

词语表

大气层：环绕行星或卫星的一层气体。

地幔：介于地壳和地核之间的部分。

反光：反射光线。

轨道：本书中指天体运行的轨道，即绕恒星或行星旋转的轨迹。

核心：某物的中心，比如行星的中心。

全息：用来描述一种物体在空间存在时整个情况的全部信息。

太阳系：由太阳以及一系列绕太阳转的天体构成。

卫星：围绕行星运转的天然天体。

引力：将一个物体拉向另一个物体的力。

陨石坑：天体（比如月球）表面由小天体撞击而产生的巨大的、碗状的坑。

轴：物体（比如行星）绕着一根虚构的线旋转，这根线就是轴。